[日]木村裕一 梁平 智慧鸟 著 [日]木村裕

U0173103

看！神探仙鼠智破奇案

数学大侦探

1

极速追击

电子工业出版社·

Publishing House of Electronics Industry

北京·BEIJING

图书在版编目（CIP）数据

数学大侦探. 极速追击 / (日) 木村裕一, 梁平, 智慧鸟著 ; (日) 木村裕一, 智慧鸟绘 ; (日)
阿惠, 智慧鸟译. -- 北京 : 电子工业出版社, 2024.3
ISBN 978-7-121-47283-1

Ⅰ.①数… Ⅱ.①木… ②梁… ③智… ④阿… Ⅲ.①数学 – 少儿读物 Ⅳ.①O1-49

中国国家版本馆CIP数据核字（2024）第038080号

责任编辑：赵　妍　季　萌
印　　刷：北京宝隆世纪印刷有限公司
装　　订：北京宝隆世纪印刷有限公司
出版发行：电子工业出版社
　　　　　北京市海淀区万寿路173信箱　邮编：100036
开　　本：889×1194　1/16　印张：31.5　字数：380.1千字
版　　次：2024年3月第1版
印　　次：2024年3月第1次印刷
定　　价：180.00元（全6册）

凡所购买电子工业出版社图书有缺损问题，请向购买书店调换。若书店售缺，请与本社
发行部联系，联系及邮购电话：（010）88254888，88258888。
质量投诉请发邮件至zlts@phei.com.cn，盗版侵权举报请发邮件至dbqq@phei.com.cn。
本书咨询联系方式：（010）88254161转1860，jimeng@phei.com.cn。

前言

　　这套书里藏着一个神奇的童话世界。在这里，有一个叫作十角城的地方，城中住着一位名叫仙鼠先生的侦探作家。仙鼠先生看似糊涂随性，实则博学多才，最喜欢破解各种难题。他还有一位可爱的小助手花生。他们时常利用各种数学知识，破解一个又一个奇怪的案件。这些案件看似神秘，其实都是隐藏在日常生活中的数学问题。通过读这些故事，孩子们不仅能够了解数学知识，还能够培养观察能力、逻辑思维和创造力。我们相信，这些有趣的故事一定能够激发孩子们的阅读兴趣。让我们一起跟随仙鼠先生和花生的脚步，探索神秘的十角城吧！

月夜的海面波光粼粼，一艘远洋巨轮在轰鸣的汽笛声中平稳前进着。

好大好圆的月亮，就像十角城蛋糕夫人亲手制作的蜂蜜蛋糕一样。

掌舵的水手望着夜空中圆溜溜的月亮，流下了口水。

他完全没有发觉，一道黑影忽然从空中一闪而过，悄无声息地落在了甲板上小山一样堆积着的集装箱上。甲板响起一阵窸窸窣窣的骚动，却被海浪的声音遮掩了过去。

当巡逻的水手打着哈欠从甲板上走过后，那道黑影再次一跃而起，伸展一对翼膜，在空中滑翔着，消失在了夜色之中……

朝阳下的十角城热闹非凡，作为附近海域最大的港口，每天早上都会有来自世界各地的货物和趣闻，一起随着"呜呜"的汽笛声唤醒这座绚丽多彩的城镇。

"又是一个美好的早晨，又是充满干劲的一天！让我们为了美好的生活欢呼吧！"黑豹市长的清晨祝福从巨大的汽艇中传出，荡漾在十角城的上空。

求求你，不要再唱了，我的客人都被你吓跑了！

如果没有楼上刺耳的"惨叫声"，芝麻街早餐店的老板娘倒是很同意市长的意见。

不，那好像不是惨叫，而是侦探作家仙鼠先生在唱歌！

作为十角城唯一的侦探作家，和以往的每个清晨一样，仙鼠先生"惨叫"过后……不，应该是展示过歌喉后，很快就进入了工作状态。这不，助理花生早就捧着今天的报纸，准备读给他听了。

今天有什么大新闻吗？比如说我的小说成了十角城最受欢迎的作品。

并没有，先生。您的小说仍然滞销。

今天的头版新闻是，巧克力爵士定制的黄金游艇和冰激凌先生定制的钻石跑车同时运抵十角城，两位富豪正要从水、陆两条路线展开穿越城际的竞赛。

整天只会炫富，这些富豪真是肤浅啊。

先生，我必须"肤浅"地提醒一下，您已经半年没有交房租了。房东太太说她上午会亲自来追讨房租；另外，水费、电费、燃气费、清洁费，还有我的工资……也都到了最后的期限。

什么？房东太太要来？

慵懒的仙鼠先生立刻跳了起来，惊慌得想要推门逃走。

可房东太太的行动比预想的快得多。

就在柔弱的花生和房门一起被踢飞的同时，仙鼠先生已经十分有经验地跳出窗子，展开自己的双翼，潇洒帅气地滑翔在灿烂的阳光下。

房东太太，
下次见喽。

仙鼠，你逃
不掉的，这
次我一定会
抓到你！

可怜的仙鼠，他还不知道惹怒房东太太的后果有多可怕，但花生却已经体会到了。

告诉我，仙鼠这个家伙逃到哪里去了？

打……打死我也不会出卖先生的！

好吃的要不要？

先生去了熊猫爸爸餐厅！

问题时间

　　仙鼠的阁楼距离熊猫爸爸餐厅4000米，仙鼠的飞行速度是600米/分，他现在已经飞出了1000米，那么房东太太必须用多快的速度才能在仙鼠先生进入餐厅大门之前拦住他呢？

追踪而来的房东太太忽然失去了目标的踪影。

可恶，仙鼠怎么不见了？！

原来，飞在空中的仙鼠先生找到了一个"隐身"的好方法："搭乘"在一只风筝上，惬意地吹着海风。

首先用公式（时间 = 路程 ÷ 速度）计算出仙鼠还需要走几分钟，然后运用公式（速度 = 路程 ÷ 时间）计算出房东太太的速度。

（4000 − 1000）÷ 600 = 5（分）

4000 ÷ 5 = 800（米 / 分）

答：房东太太必须用 800 米 / 分的速度。

解题分析

海上忽然传来了一阵嘈杂的惊呼，爱凑热闹的仙鼠先生立刻把脑袋探出风筝外向下面望去。

哟，下面好像发生了不得了的事情啊。

风筝的下面是蔚蓝的大海，原本平静的海面现在已经乱成了一锅沸腾的粥，一艘金灿灿的游艇像无头苍蝇一样在海面上横冲直撞，几艘刚刚回到港口的小渔船全都被它撞翻了。

这个驾驶员是喝醉了吗？十角城对醉驾的惩罚可是很严厉的哦。

陆地上的人们被探入海峡的一角海湾遮挡了视线，但飞在空中的仙鼠先生却能很清楚地看到，一艘巨大的货轮正向着港口驶来。如果快艇继续以现在的航行路线疯狂行驶，很快就会和货轮产生致命的碰撞。

不好！危险！

货轮和快艇同时从两地相对开出，货轮的速度为 30 千米 / 时，快艇的速度为 120 千米 / 时，两者之间的实际距离为 5000 米。请问几分钟后货轮会和快艇会发生碰撞？

小提示：要注意小时和分钟之间的转换哦。

此题求的是相遇时间，可利用公式（相遇时间 = 两地距离 ÷ 速度和）求得。注意要将单位换算一致。

货轮的速度：30×1000÷60=500 米 / 分

快艇的速度：120×1000÷60=2000 米 / 分

5000÷（2000+500）=2（分）

答：2 分钟后货轮会和快艇会发生碰撞。

解题分析

仙鼠来不及多想，纵身跳下风筝，收紧翼膜，用最快的速度向游艇俯冲了过去。

就在快要接触到快艇时，仙鼠先生再次熟练地展开翼膜，减缓飞行速度，准确地抓住了快艇驾驶员，一下子就把他揪出了驾驶舱。

可仙鼠先生的翼膜承受不了两个人的重量，他们仅在空中滑翔了十几米，就一起向下坠去。几乎与此同时，剧烈的爆炸声从海湾的一角传来，失控的快艇已经撞上了货轮！

突然，一阵比爆炸声还要洪亮的怒吼打断了驾驶员的话。

果然是房东太太，她在水里的速度竟然超过了快艇！

可是仙鼠先生的大脑转得更快。他在水里当然逃不过房东太太的追捕，但海面上现在有很多渔船正在赶往货轮救火，他飞速爬上一条渔船的桅杆，然后一跃而下，再次故技重施，滑翔在空中逃离了现场。

再见了，房东太太！

我绝对不会放过你的，仙鼠！

这难道是巧合吗？竟然是他破坏了我的计划。

海港的灯塔上，一个被长袍紧紧包裹着的身影收起了望远镜，愤怒地呢喃着，然后慢慢消失在了阴影之中……

10分钟后。正在空中"逃亡"的仙鼠先生，忽然又一次听到了求救声。

救命啊！谁能救救我啊？

什么东西这么刺眼？

仙鼠先生顺着求救声望了过去，差点儿被一团比太阳光还亮的光芒刺伤双眼。

幸亏我有随身带墨镜的好习惯。

戴上墨镜后，仙鼠先生终于看清了，那是一辆镶满了钻石的跑车，正在十角城最热闹豪华的冰激凌大街上横冲直撞。

不好！危险！

空中的仙鼠先生再一次预先发现了危机。冰激凌大街的尽头是冰激凌广场，而冰激凌广场现在正在举行十角城富豪——冰激凌先生雕像的揭幕仪式。

如果按照现在的情形，钻石跑车很快就会冲入围观的人群，然后和高耸的雕塑相撞……太可怕了！那一定会造成十角城建城以来最大的伤亡事件！绝对不能让那样的灾难发生！

仙鼠先生虽然很想解决这次危机，但目前的情况却和刚才海面上的不同，他即使用最快的速度飞下去，把驾驶员救出车厢，失控的跑车也会继续冲向人群和雕塑！

怎么办？怎么办？望着地面上完全没有意识到危险的人群，仙鼠先生心急火燎，他火速观察着周围的环境，脑中忽然冒出了一个绝妙的主意。

他再次收紧翼膜，在空中一个转身，却没有飞向失控的跑车，而是飞向了冰激凌广场前高高耸立的奶油塔，那里面储存的是可以供应整个十角城居民享用的奶油冰激凌原料！

奶油塔的守卫还没
反应过来，就被仙鼠先
生一头撞倒在地。

仙鼠先生拉动扳手，
开启了奶油塔所有的闸门。

对不起，来不及解释了！

喂！你……你想干什么？

十角城的居民，
快来享用世界
上最豪华的奶
油盛宴吧！

呼噜噜！

一座奶油大山喷涌而出，雪崩一样迅速涌向整个冰激凌广场。仙鼠先生也被奶油"挤"出了高塔。

甜腻黏稠的奶油不仅淹没了广场上的人群，也把失控的跑车裹在其中，"温柔"地让它失去了横冲直撞的能力。

钻石跑车里的司机瘫软在了驾驶室里。

黑暗的角落里，那个神秘的黑影眉头紧皱，目露凶光。

跑车距离人群和雕塑 4000 米，跑车的时速为 360 千米。空中的仙鼠先生距离奶油塔的直线距离为 2000 米，奶油涌出并淹没广场需要 30 秒，请问仙鼠先生的飞行速度至少需要达到多少才能挽救这次危机？

小提示：请注意米和千米之间的单位转换哦！

仙鼠，就算你躲进奶油里，我也能找到你！

房东太太一边大口吞着奶油，一边冲向在"奶油之海"中拼命挣扎的仙鼠先生。

仙鼠的双翼被奶油裹成了一团，再也没有办法飞起，结果被房东太太一把抓住。

先利用公式(时间＝路程÷速度)计算出跑车撞到人群和雕塑的时间，再求得其与奶油淹没广场的时间差，这就是仙鼠必须到达奶油塔的时间，最后利用公式（速度＝路程÷时间）求出仙鼠的速度即可。

解题分析

360 千米 / 时 ＝100 米 / 秒

4000÷100=40（秒）　40-30=10 秒

2000÷10=200 米 / 秒

答: 仙鼠先生的飞行速度至少需要达到200米/秒才能挽救这次危机。

如果今天你再不交房租，我就把你卖到矿井里去做苦役！

一想到暗无天日还隐藏着无数怪物的矿井深坑，仙鼠先生就吓得浑身发抖。

不要啊！

这位漂亮的小姐，仙鼠先生的房租就由我来代付吧。

忽然，一个温柔的声音传来。

漂亮？你是说我吗？

仙鼠先生也同样不敢相信自己的耳朵。

房东太太惊喜地转过头。

咦？替我付房租？你是……

35

我是仙鼠先生的书迷，能为先生做点儿事情是我的荣幸！

说话的是一位优雅的富家小姐，她羞涩地用折扇挡着半边面孔。

房东太太立刻笑容满面地放开了仙鼠先生。

如果可以的话，下个月的能也预付一下吗？

没问题！

优雅的女士用一只手打开钱包，另一只手继续用折扇遮着自己的面孔，并向仙鼠先生发出了邀请。

接下来，不知道我是否能荣幸地和仙鼠先生共进午餐呢？

仙鼠的肚子已经替他接受了邀请。

咕噜噜……

熊猫爸爸餐厅里，仙鼠先生面前的面碗已经堆成了一座山。

侍应生小糊涂都看不下去了，悄悄在女士的耳边说道："你可要小心这个家伙，他还欠了我们100多碗面钱没给呢。"

不，只有99碗！

仙鼠口中的面条还没吞下去，就急忙"呜呜哇哇"地纠正。

问题时间

仙鼠先生一共欠了熊猫爸爸餐厅99碗面钱，其中36碗是大碗，每碗28元钱，剩下的全是小碗面，每碗22元钱，请问仙鼠先生一共欠了熊猫爸爸餐厅多少面钱？

利用公式（总额＝数量×单价）分别计算出大碗和小碗的价格，再相加即可。

大碗：28×36=1008（元）　小碗：22×（99－36）=1386（元）

总额：1008+1386=2394（元）

答：仙鼠先生一共欠了熊猫爸爸餐厅2394元面钱。

解题分析

"既然这样，仙鼠先生欠下的面钱我也替他还了吧。"女士挥动折扇，眼角带着笑意说。

"不，小姐，我并不是这个意思。"小糊涂的脸唰地红了。

"嗝——"好久没吃这么饱了。

仙鼠先生满足地拍了拍肚子，终于停下了筷子。他这才想起面对一位女士时该有的礼仪，可惜他的肚子已经撑得弯不下腰鞠躬了，只好尽量伸长脖子，亲吻了一下对方的手背。

尊敬的女士，承蒙您的招待，请问我有什么可以为您服务的吗？

"这么说起来，我的确有一事相求。"

"还有我可以帮上的忙吗？"仙鼠先生感到受宠若惊。

"请问阁下能为我这两本书签个名吗？"

"《尼罗河上的快艇》？《金色跑车上的秘密》？这不都是我以前的小说吗？竟然还有人记得？"仙鼠先生有点儿不相信自己的眼睛。

"这可是我最喜欢的作品。"女士的眼中闪过一道光芒，"里面的环境和情节描写，简直就像发生在我的身边一样。"

"当然了，毕竟我是参考十角城创作的故事，受害者的原型也是十角城里的真实人物。"仙鼠先生得意地在书上签着名字。

"果然是这样。"女士差点儿掩饰不住自己的兴奋，继续追问，"那么接下来的故事，也就是第三部，什么时候会出版？我已经迫不及待想拜读了。"

第三部的出版时间？这个……

因为前两部几乎没人购买，所以第三部根本没有出版的机会了。

但望着眼前这位忠实读者期待的眼神，仙鼠先生实在不忍心告诉她这个绝望的消息，只好这样回答：

距离第三部的出版时间还有很久，不过我可以先把整个故事讲给你听。

真是太荣幸了，能成为您新作品的第一个听众。

"咳咳……"仙鼠先生清了清嗓子，开始了自己的讲述，"其实前两部故事里已经有伏笔，第三部小说的名字叫作《东方列车谋杀案》。"

"在这个故事里，被刺杀的是城市里最大的富豪，但她可要比前两个富豪难对付多了……"

"对，她不像前两个富豪那样有奇怪的爱好，身边又总是跟满保镖，每次吃的食物还要经过化验，防御措施简直无懈可击！"女士恨恨地接着说。

咦？你怎么知道我的故事设定？

哦……那个……因为我是您的知音啊。

"嘿嘿嘿，可不要小瞧我仙鼠的创作能力。"女士的回答似乎很合理，仙鼠没有察觉到异样，继续得意地讲了下去，"为了完成第三部小说，我把主人公的原型调查得一清二楚。我发现她每个月的 15 号都会摆脱保镖，独自一人出现在某一个特定的地点……只要这样……然后那样……就可以毫无痕迹地完成刺杀任务，不留下任何线索。"

"原来如此，真是无懈可击的密室杀人事件啊。"听完仙鼠描述的刺杀方法，女士抬起手腕看了一下时间，眼角露出一丝狡黠的笑意，"我忽然想起来还有事要办，先走一步。"

"这就要走了吗？不想听一下第三部故事的结局吗？"难得遇到一次粉丝的仙鼠先生有些意犹未尽。

"不用了，我觉得故事就此结束是最好的。"女士头也不回地走出了餐厅。

"先生，不好了！"忽然，一个小小的身影从窗户里跳了进来。

刚刚警察冲到家里抓你，你快逃……

"花生？你怎么来了？警察为什么要抓我？"

仙鼠正在莫名其妙，十几位荷枪实弹的警察就冲进了餐厅。

"仙鼠，你因为蓄意杀人罪被逮捕了！"带队的十角城重案组组长奎警官宣读了逮捕令。

所有人都停下了手中事情，就连从来没有停止过工作的熊猫爸爸都放下手中的面团，看向了同样惊诧的仙鼠先生。

《尼罗河上的快艇》《金色跑车上的秘密》，今天在石桥城里发生的两件惨案都和你写的小说情节一模一样，就连你在货轮上破坏快艇和跑车的控制器这种事都被拍下来了，所有的证据都证明你就是凶手！

你们一定搞错了，我怎么可能杀人呢？

"不好！"仙鼠忽然想到了什么，立刻对着警察大喊，"我们都上当了，赶快行动，第三场凶案就要发生了。"

"不要贼喊捉贼了，只要抓到你，凶案就彻底结束了。"

警察们根本不听仙鼠先生的辩解，一拥而上，向他扑了过去。

仙鼠本想故技重施，爬上餐厅高高的货架滑翔逃走，可"忠心耿耿"的花生却紧紧抱着他。

仙鼠好不容易才挣脱花生，大家立刻看到他上下挥舞着一对翅膀跳到了空中！

我飞！

手疾眼快的奎警官早就做好了准备，他抛出一个布袋，一下就把空中的仙鼠先生罩在了里面！

我罩！

十角城富豪谋杀案主要嫌疑人仙鼠落网！

"嘿嘿嘿，这才叫一箭双雕！"
隐藏在黑暗中的某个身影露出了得意的诡笑……

 问题时间

仙鼠先生写第一部小说需要 90 天，往后每完成一部，都会比上一部多用 10 天，请问仙鼠写第三部小说需要用多少天？

本题考查的是等差数列的知识，等差数列的末项 = 首项 +（项数 − 1）× 公差，根据题目已知条件代入对应数值即可。

90+（3-1）×10=110（天）

答：仙鼠写第三部小说需要用 110 天。

 解题分析

轰隆隆，轰隆隆。

老旧的火车头拖着锈迹斑斑的车身停靠在了十角城旧城区的车站。

这列已经行驶了60多年的火车，每天只运行一趟，并没有多少乘客。它与和它同龄的另一个"同伴"相对而行，一来一往，缓缓穿过十角城破败的老城区。

住在繁华新城区的年轻居民们应该已经忘记十角城还有一趟这样的交通工具了。站在月台上等车的唯一乘客白发苍苍，虽然已经是温暖的晚春时节，但她还是用一身黑袍把自己裹得紧紧的，连面孔都用围巾围着。她步履蹒跚地踏进车厢，丝毫没有留意到车站内昏黄老旧的大屏幕上正播放着的实时新闻。

今天上午，十角城两位富豪先后遇险，警方已经成功捕获幕后主谋——十角城无业游民仙鼠。目前已经有视频证据证明，仙鼠曾潜入货轮，破坏两位富豪的座驾遥控……

伴随着鹦鹉小姐的新闻播报，大屏幕上播放了一段视频：夜色中的货轮上，一个身影伸展开双翼，消失在了夜空之中。

火车缓缓启动了，老奶奶慢慢摘下围巾，透过车窗隐约看到了大屏幕上仙鼠的照片。

这个长翅膀的小家伙，怎么这么眼熟呢？

"请问，我可以坐在这里吗？"

忽然，一个沙哑的声音在老奶奶耳边响起。她转过头，看到一个和自己一样全身裹得严严实实的身影，连眼睛都被大大的墨镜遮住了。

"竟然还有年轻人坐这趟车？这里又不是包厢，你随便坐吧。"老奶奶露出了慈祥的笑容。

"这么说的话，这趟车的乘客一直都很少喽？"墨镜人毫不客气地坐在了老奶奶对面。

"是啊，虽然每个月的 15 日我都会坐一次这趟车，但你还是今年第一个和我同车厢的乘客呢。"

老奶奶慢慢打开车窗，略带凉意的晚风吹进车厢，带走了墨镜人低低的声音……

太好了，没有其他人的话，动手就方便多了。

老奶奶上次乘坐这趟车是 4 月 15 日（星期六），今天是 5 月 15 日，你能推算出今天是星期几吗？

这是一道周期问题。总数 ÷ 周期数 = 组数……余数，有余数时，余几就在周期数中数几。一周有 7 天，所以周期数为 7，再算出从 4 月 15 日到 5 月 15 日的天数总数，代入后求得余数为 2，从星期六往后推 2 天即为答案。

30 − 15+15=30（天）

30÷7=4（个星期）……2（天）

答：今天是星期一。

与此同时，十角城的警察局内，正在进行一场审讯。

我没有什么可以辩解的。

"这么简单就承认了，你真的不打算为自己辩护一下？"审讯简单得让奎警官不敢相信。

又不关我的事，我为什么要为自己辩护？

"你……你不是仙鼠！"

奎警官大惊失色，跳起来一把拽开布袋。坐在自己对面的竟然是花生！

"怎么会是你？为什么你会在这里？"

"是你把我抓来的，怎么又来问我？"花生挥舞着像翅膀一样的白菜叶，一脸无辜。

原来刚刚在熊猫爸爸餐厅，仙鼠先生趁乱递给花生两片白菜叶后，就把他抛向空中，吸引奎警官的注意力，

仙鼠自己蜷缩在小糊涂的餐盘里，被她趁乱送出了餐厅——虽然很讨厌这个经常欠面钱的家伙，但小糊涂绝对不相信仙鼠先生会做坏事。

所有警员都因为奎警官的咆哮而瑟瑟发抖。

仙鼠太狡猾啦！立刻全城戒严，全城通缉，一定要找到他！

"你不打算问一下我，先生去哪里了吗？"花生忽然拽了拽奎警官的衣角。

"难道你知道他去了哪里？"奎警官一愣。"并不知道。"花生耸了耸肩。

你是在耍我吗？

"并没有，警官。"花生胆怯地指着墙上的时钟说，"先生只是告诉我，要我在 4 点前通知警方，如果能在十角城最慢的火车通过第一条隧道前让它停下来，就可能阻止下一场凶案。"

"十角城最慢的火车？"奎警官的眼睛眯成了一条缝。他思考了几秒钟，忽然大声喊："我知道仙鼠在哪里了，立刻分头行动！"

问题时间
十角城最快的交通工具是飞艇，每小时可以飞行 400 千米；其次是高铁，速度可达 280 千米 / 时；旧城区火车的速度只有高铁速度的 $\frac{1}{4}$，请问旧城区火车的速度是多少？

本题并不难，注意在已知条件中筛查有用的信息即可。

旧城区火车的速度：$280 \times \dfrac{1}{4} = 70$（千米／时）

答：旧城区火车的速度是 70 千米／时。

解题分析

"年轻人，你知道吗？这列火车比你的年纪还大呢。"

难得遇到一位同行者，老奶奶总算打开了话匣子。

"这列火车太老了，地铁和飞艇都比它快得多，为什么您还坐这列车呢？"墨镜人奇怪地问。

"因为这趟车里有我的童年回忆呀。"老奶奶笑了，满是皱纹的脸上浮现出无邪的童真，"我小的时候，家里很穷，妈妈要到有钱人家去做仆人才能养活一家人，只有每个月的 15 日，她才能坐着这列火车穿越十角城回家看我一次，并且给我带回一块比月亮还要美味的蛋糕……"

"比月亮还要美味？"

"哈哈哈哈，年轻人，你当然不会了解月亮的味道，因为那是只有我和妈妈才知道的秘密。"老奶奶看着困惑的墨镜人，再次笑起来，"妈妈在我 11 岁时离开了这个世界，她告诉我她去了月亮，还让我不要为她担心，因为月亮就是一个巨大的蛋糕，比带给我的还要好吃，她会在上面一边品尝着美味，一边关注着我……"

"可是……我觉得妈妈骗了我。"老奶奶忽然抬起头，望向墨镜男的眼睛里饱含泪水，"月亮绝对不会比她带给我的蛋糕更美味。因为几十年过去了，我不断地学习，不断地进步，尝试了世界上所有的材料，却再也没有做出比她带给我的蛋糕更好吃的……"

"啊……您……"墨镜人的额头上流下了紧张的汗水。

"没错，我就是十角城的蛋糕夫人！"老奶奶一点儿也没有慌张，继续慈祥地问：

年轻人，之前跟踪我很多次的也是你吧？你究竟想对我这个老婆子做什么呢？

"我……我……"墨镜人满头是汗地看了看手表，"可恶，时间到了，必须动手了！"

说完，墨镜人猛地站了起来：

蛋糕夫人，对不起了！

与此同时，列车驶入了一条长长的隧道。

车厢立刻陷入一团黑暗，伸手不见五指。

问题时间

老奶奶今年的年龄减去 7 后，缩小 9 倍，再加上 2 之后，扩大 10 倍，恰好是 100 岁。你知道老奶奶今年多少岁吗？

利用倒推法解题，从结果入手，往前一步一步根据加减互为逆运算、乘除互为逆运算来倒推。

（100÷10-2）×9+7=79（岁）

答：老奶奶今年 79 岁。

解题分析

砰！

砰！

伴随着两记沉闷的枪声，隧道中再次安静下来……

老旧的火车刚刚驶出隧道，就被"嗡嗡嗡"的空中警队包围了。

奎警官亲自驾驶着直升机，用大喇叭向车厢内喊话："你已经被包围了，赶快投降吧！"

可当警察们攀着绳索跳窗进入车厢后，却发现他们已经来晚了。

车厢里躺着一个人，奎警官亲自上前查看，立刻大惊：

"咔嚓，咔嚓……"

记者们很快赶到了现场，争先恐后拍起了照片。

和陷入骚乱的这列火车相比，刚刚在隧道中和它擦身而过的"兄弟"列车上，还和以往一样宁静，每一节车厢都空空荡荡的，看不到几个人影。但令人意外的是，多年没有人光顾过的包厢里竟然坐了一位女乘客。

黑纱罩面的她正拿着手机查看实时新闻。

刚刚得到的消息，旧城区城际火车发生了一起枪击事件，一名老妇人中弹，生死不明……

呵呵，仙鼠不愧是我的偶像，他的计划还真是无懈可击呀！

列车停靠在沿途的一个小站，女人满意地走出包厢，优雅地走下站台。忽然，女人的身后响起了一个熟悉的声音。

喂，做了坏事就想这样偷偷溜掉吗？

仙鼠？你不是已经被警察抓走了吗？

女人惊讶地回过头，身后站着的果然是仙鼠先生。她赶快举起折扇，挡住了半边面孔。

"对不起，让你失望了，书迷女士。"仙鼠冷冷一笑，"就像你装上人造翼膜，伪装成我在货轮上破坏游艇和跑车一样，被警察抓走的，是利用菜叶伪装成翅膀的花生助理哦。"

　　"不愧是聪明的仙鼠先生，但是已经晚了，一切都是按照你创作的故事进行的。我劝你赶快去自首吧，毕竟现在整个十角城的居民都认为你是凶手。"

　　恢复了冷静的女士正要转身离开，忽然，一支空中警队迎面飞来。

　　"救命啊，快救救我！"女士眼珠一转，忽然惊恐地大叫了起来。

　　空中警队果然被她的呼救声吸引过来，把两人全都包围了起来。

　　女士满眼泪花地指着仙鼠大叫："抓住他，快抓住他！"

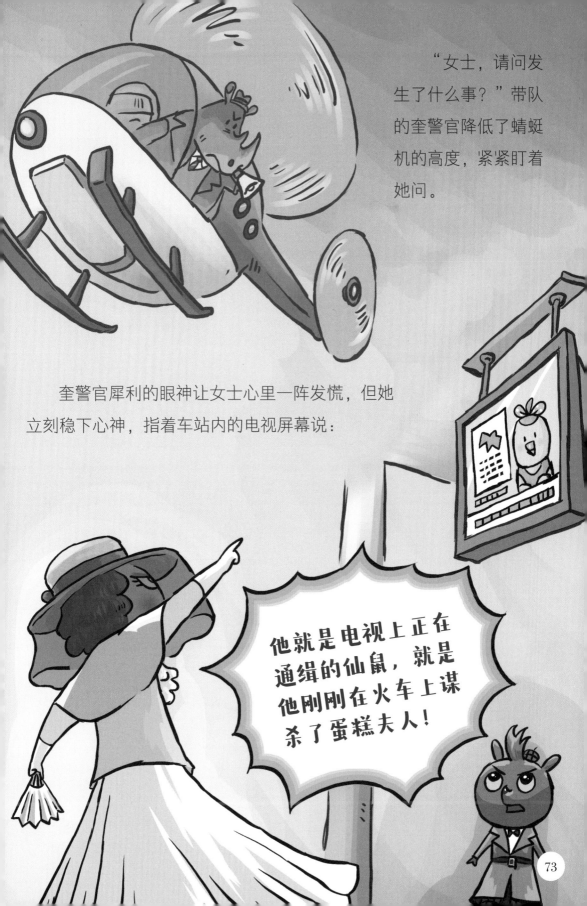

"女士，请问发生了什么事？"带队的奎警官降低了蜻蜓机的高度，紧紧盯着她问。

奎警官犀利的眼神让女士心里一阵发慌，但她立刻稳下心神，指着车站内的电视屏幕说：

他就是电视上正在通缉的仙鼠，就是他刚刚在火车上谋杀了蛋糕夫人！

"不要再伪装了，你已经暴露了！"

"我不懂你在说什么。"女士还想狡辩。

"那你再仔细看一下正在播报的新闻！"仙鼠在背后提醒她。

女人打开手机，网络和火车站大屏幕上的新闻几乎同步播放着：

刚刚得到的消息，旧城区城际火车发生了一起枪击事件，一名老妇人中弹，生死不明……

刚刚得到的消息，旧城区城际火车发生了一起枪击事件，一名老妇人中弹，生死不明……

年轻人，我们好像并不认识，你为什么要做这样的事情呢？

站在奎警官身后的一名警员摘下头盔，竟然是蛋糕夫人！

"蛋糕夫人，你……你没有中弹？"女士惊讶地扔掉了手中的扇子。

多亏了仙鼠先生啊……

墨镜人盯着手
表对老奶奶说：

警察真是太慢了，
已经来不及了！

话音刚
落，火车进
入了黑暗的
隧道。

墨镜人立刻上前将老奶奶扑倒在
地，一声沉闷的枪声几乎同时响起，
子弹透过打开的车窗射了出去。

蛋糕夫人，您一定要伪装中弹，然后这样告诉警察……

说完，伪装成墨镜人的仙鼠先生拽掉黑色的外套，在警察赶到前展开双翼，飞出车窗追击凶手去了。

"我根本没有在蛋糕夫人乘坐的列车上，怎么可能刺杀她呢？"女士还想负隅顽抗。

问题时间

两列火车，一列长 600 米，每秒行进 15 米；另一列长 480 米，每秒行进 9 米。两车相向而行，从车头相遇到车尾离开需要几秒钟？

"因为你利用了我小说里的创意。在我的小说里，刺客严格计算了两列火车相遇的时间，然后利用两节车厢交错的瞬间开枪行凶！"仙鼠先生大声呵斥道，"我的创意可不是用几碗面就能换去的哦！"

"狡猾的仙鼠，没想到我还是败在了你的手里！"女士一下子瘫坐在地上。

解题分析

几天后，仙鼠先生的第三部小说终于出版了，因为和真实案情有关，刚上市就被抢购一空。

根据奎警官提供的案情线索，凶手也是一位甜品师，刺杀十角城三名富豪的真实原因是商业竞争。

"这样的行凶原因真是太无聊了，简直拉低了我作品的档次。"仙鼠先生望着阁楼窗外飘过的市政飞艇，忽然灵机一动……

下一部就写一写惊心动魄的权力斗争吧，名字就叫……就叫……

阿嚏！

正在飞艇中巡视十角城的黑豹市长忽然感到背后一阵发凉，打了一个大大的喷嚏。